TRAITÉ

SUR LES

ARBRES RÉSINEUX

CULTURE ET PRODUITS

PAR

Ferdinand BOUQUINAT

SYLVICULTEUR-PÉPINIÉRISTE

Membre de plusieurs Sociétés d'Agriculture

Prix : 1 fr.

EN VENTE

Chez l'Auteur, à Laignes (Côte-d'Or)

ET CHEZ TOUS LES LIBRAIRES

1874

S

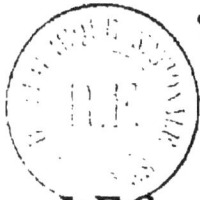

TRAITÉ

SUR

LES RÉSINEUX

Ⓒ

S

TRAITÉ

SUR

LES RÉSINEUX

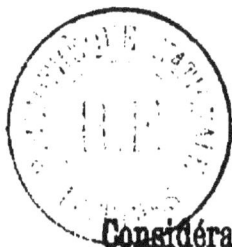

I

Considérations Préliminaires

On ne saurait trop appeler l'attention sur les richesses dont les plantations d'arbres verts résineux deviendront la source pour notre pays. Les arbres de cette famille sont précieux par leur faculté de croître dans les sols que toute autre culture est forcée d'abandonner.

La sylviculture est l'un des meil-

leurs auxiliaires de l'homme dans sa
lutte contre la stérilité de la terre. C'est
elle qui a prouvé qu'aucun terrain,
quelque improductif qu'il paraisse, ne
doit-être laissé inculte. Où le cultiva-
teur ne peut rien, le sylviculteur se
met à l'œuvre et crée des produits
qui prennent place parmi les plus
utiles, les plus nécessaires.

Les premiers qui se sont voués à
l'œuvre du reboisement des friches,
cette sorte de déserts que l'on ne
devrait plus rencontrer dans les pays
civilisés, ont bien mérité de la société
tout entière. Ils ont réalisé une nouvelle conquête du génie humain sur
la nature qui n'accorde rien qu'au
travail de l'homme, et qui, en quelque
sorte, domptée par lui, nous livre ses
richesses les plus précieuses, parce
qu'elles sont affectées à la satisfaction
de nos premières nécessités.

Il faut bien le dire, les préjugés ont
excité d'abord la malveillance publique

contre les premiers planteurs. C'est le sort de tous les initiateurs du progrès. Dans l'industrie agricole la routine a peut-être plus d'empire que partout ailleurs. En présence d'une méthode nouvelle, qui assure des résultats plus avantageux, bien des cultivateurs s'écrient : Nos pères ont fait ainsi pendant des siècles ; pourquoi ne ferions - nous plus comme eux ? De même, l'opinion publique opposait la résistance de l'inertie aux propagateurs du reboisement. Il semblait que les friches dussent être éternellement ainsi, parce qu'on n'avait jamais songé à en tirer parti.

A force d'énergie persévérante, les attaques de la malveillance ont été surmontées. Aujourd'hui les magnifiques résultats obtenus sont devenus une justification en même temps qu'une récompense pour nos intelligents sylviculteurs. Avec le sentiment d'une bonne œuvre accomplie, ils ont la satisfaction de se voir suivis, dans la voie qu'ils ont tracée, par ceux dont, naguère, l'opposition malveillante était la plus acharnée.

Je me reprocherais ici de ne pas rendre hommage à M. Duchêne-Thoureaux, un des plus grands planteurs de France, qui, à lui seul, a reboisé des milliers d'hectares. Il est sorti victorieux d'une lutte incessante contre le préjugé, et l'avenir assure à ses plantations une valeur énorme.

La société horticole, vigneronne et forestière du département de l'Aube, dont j'ai l'honneur de faire partie, a reconnu les services intelligents rendus par les planteurs de nouvelles forêts et institué des récompenses en leur faveur.

Félicitons, à un autre point de vue, M. de Kirwan, sous-inspecteur des forêts. Son *Traité sur les conifères*. peut rendre de grands services à la sylviculture, en en propageant le goût. Dans ce livre, écrit dans un style clair, où la science est ornée d'une élégante simplicité, on s'arrête souvent sur des descriptions pleines de charme. On aime à voir dépeintes ainsi la grâce et la beauté de ces magnificences végétales.

Au début, M. de Kirwan nous montre comment la terre, autrefois couverte de forêts vierges, a subi, par portions successives, le travail de l'homme, qui s'est attaché à la destruction des forêts, pour liver le sol à la culture. Le déboisement, accompli sans mesure, a dépassé la limite qu'il devait normalement atteindre. Les produits des forêts sont devenus de plus en plus importants, et le défrichement immodéré a eu pour résultat de faire qu'une matière nécessaire, mais trop abondante autrefois, est devenue trop rare aujourd'hui. En reboisant maintenant. nous réparons le dommage causé par la trop grande destruction de nos anciennes forêts.

Considérons, en terminant ces quel-

ques observations, le frappant contraste
qui existe entre des crêtes et des versants de coteaux où l'œil s'arrêtait
autrefois avec peine, avec répulsion
presque, et où, maintenant, les résineux développent chaque année leurs
superbes massifs de verdure. Au lieu
d'une herbe rare et bientôt desséchée,
on se plaît à voir, l'été, des arbres
vigoureux lancer leurs pousses nouvelles, et, l'hiver, ces forêts montrent
la seule verdure qui résiste aux ri-
gueurs de la saison.

Quand on en aura fini avec les
préjugés, les propriétaires rougiront
de laisser un seul coin de terre inutile.
Ils trouveront dans le reboisement de
leurs friches, le double avantage de se
créer des propriétés dont une belle
végétation rendra l'aspect agréable, en
même temps que leur stérilité sera
remplacée par d'importants produits.
Ils pourront tirer un beau revenu de
terres représentant un capital nul.

II

Réponse à quelques Objections.

Les adversaires du reboisement n'ont pas manqué de présenter des objections qui pouvaient paraître assez spécieuses. Les uns ont prétendu qu'en présence de l'extension du territoire boisé, le prix du bois de chauffage subirait nécessairement une diminution, qui enlèverait beaucoup aux avantages que l'on espère obtenir des plantations. D'autres ont soutenu qu'en plantant les friches, on détruit des pâtures naturelles, nécessaires aux bestiaux.

Certainement, les produits des forêts nouvelles, entrant dans la consommation, feront immédiatement sentir leurs effets. Bien des chaumières dans les campagnes et surtout bien des mansardes dans les villes ont à souffrir, l'hiver, de la rareté du bois. Elles pourront, lorsque des parties du territoire, que l'on peut qualifier de considérables, seront boisées et en plein rapport, se procurer plus facilement du bois de chauffage. Mais cette matière tombera-t-elle alors à des prix trop peu rémunérateurs ?

Je ne le crois pas, et j'en dirai la raison tout-à-l'heure. Mais quand cela serait, la plupart des plantations de résineux sont destinées à donner du bois de service qui formera la plus belle partie du produit. On n'a pas à craindre que ce bois vienne à baisser de prix ; au contraire, sa valeur augmentera toujours. Le bois de chauffage pourrait se vendre moins cher, sans que le revenu de la plantation subisse une atteinte sensible. Les services rendus à la société n'entraî-

neraient donc pas de dommage direct.
pour la propriété.

Mais, indépendamment de cela,
nous croyons qu'elle ne subirait même
pas la perte relative causée par la
diminution de valeur du bois de
chauffage. La faculté de s'en procurer,
offerte aux classes pauvres, ne ferait
qu'ouvrir un débouché plus large à ce
produit. L'abondance, en se manifes-
tant, rendra la consommation plus
considérable. La rareté seule interdit
les achats aux familles pauvres, sous
peine de voir les prix atteindre des
chiffres exhorbitants. Cette rareté
cesserait ; mais en revanche l'accrois-
sement du nombre des achats, qu'en-
traînerait cette cessation, maintiendrait
toujours les cours à peu près à la
même élévation. L'objection, à un
double point de vue, est donc de nulle
valeur.

Un préjugé d'une autre nature
empêche bien des propriétaires, et

souvent des communes, de planter;
parce que l'on s'imagine que l'on se
ferait du préjudice, en supprimant une
sorte de pâturage.

D'abord, le bétail introduit dans ces
pâturages n'y trouve qu'une maigre
nourriture, qui ne l'empêcherait guère
de mourir de faim, s'il était forcé de
s'en contenter. A travers ces friches
à verdure si rare, on a plutôt l'air de
le mener à la promenade qu'à la
pâture, et ce n'est qu'au retour de
cette promenade, lorsqu'il sera dans
l'étable, qu'il trouvera une nourriture
sérieuse, s'il appartient à un proprié-
taire soucieux de le faire prospérer.
La perte des engrais laissés sur le
parcours des troupeaux n'est pas
même compensée par l'économie de
nourriture.

En second lieu, lorsqu'on plante des
sapins dans un sol inculte, on ne
détruit nullement le pâturage. On
crée, au contraire, de nouvelles

pâtures, où l'herbe pousse abondamment, sous l'influence de la fraîcheur produite par les arbres. Qu'une commune possédant de grandes étendues de friches (cela se rencontre souvent) en plante une partie ; au bout de quatre ou cinq ans, le bétail pourra y être introduit. En échelonnant les reboisements par portions de territoire successivement plantées, de cinq ans en cinq ans, on se ménagera pour longtemps de très-beaux pâturages.

Il est vrai qu'après une douzaine d'années, chaque portion deviendra impropre à cet usage, parce que les arbres, parvenus à une certaine hauteur, ne permettant plus aux rayons du soleil d'atteindre jusqu'au sol, l'herbe devient mauvaise et rare. Mais ce désavantage est alors largement compensé par la valeur représentée par les bois qui, quelques années plus tard, pourront être livrés à l'exploitation.

Que si l'on objecte que le bétail cause du dommage à la plantation, je répondrai d'abord que j'ai combattu une objection première, à l'aide de laquelle on prétendait faire entrer en comparaison les avantages du maintien des terrains à l'état de pâture, pour ainsi dire négative, avec la valeur que leur donne le reboisement.

Mais, bien mieux, le parcours du bétail à travers les jeunes plants ne leur est nuisible que lorsqu'il a lieu trop tôt, et encore pas au point de causer un tort appréciable à leur développement.

Pour mon compte, je n'ai pas craint de faire entrer mes troupeaux, gros bétail et moutons, dans une centaine d'hectares, où j'avais planté des résineux. Il n'est pas possible aujourd'hui d'y observer trace de dommage; les arbres sont très bien venants. J'ai cependant commencé à faire pâturer dès la deuxième année de la plantation, par intervalles de huit à dix jours les deux premières années.

Je ne conseille pas pour cela de livrer les plantations au pâturage, avant que les arbres n'aient une hauteur suffisante pour ne pas craindre la dent ou le pied du mouton.

Dans les terrains à sous sol peu serré, convenant aux arbres qui viennent bien isolément, tels que : Melèzes, Pins Laricios, Epiceas, l'herbe conserve toujours sa qualité, au milieu de ces arbres espacés, poussant très droit, sans se charger de branches.

III

Rôle des résineux dans les plantations de forestiers.

Bien que ce travail soit exclusivement consacré aux résineux, je dois peut-être faire une courte observation sur le rôle qu'ils peuvent avoir dans les plantations de forestiers.

Lorsque l'on fait un reboisement au moyen de chênes, hêtres, charmes et autres essences forestières, on trouve de l'avantage à y associer, dans une certaine mesure, les différentes espèces de résineux, surtout celles qui croissent vite. On procède ainsi :

Après avoir cultivé avec soin le terrain avant de planter, on fait un choix de bons plants de 2, 3 ou 4 ans, suivant le genre, élevés en pépinières et repiqués. On plante à 1 mètre sur toutes faces. Dans chaque deuxième rang, on fait entrer un quart de sapins, qui sont destinés à faciliter le développement des essences feuillues. Comme les résineux ont la propriété de pousser très-vivement, au bout de quelques années, leur ramure commence à dominer et à tenir à l'ombre les autres plantes. Cet abri les préserve de la chaleur trop forte du soleil, et entretient dans le sol une humidité qui aide beaucoup à leur croissance. Au bout de 20 ans, on a des bois bons à être exploités en taillis.

Quand les forestiers, déjà deux fois recépés, commenceront à couvrir leur terre, c'est-à-dire après 15 ou 18 ans, on abattra les résineux mal venants qui alors deviendraient nuisibles. La plantation aura une avance du double sur une autre où l'on n'aurait pas

procédé ainsi. Il est bon de la cultiver au moins les deux premières années.

Ayant, comme je l'ai dit, le dessein de limiter ce travail aux conifères, je ne puis m'étendre davantage sur les forestiers proprement dits.

———

IV

Observations sur les différentes sortes de terrains.

On a dit que le sapin ne pouvait venir que dans de bons terrains. Cette opinion ne peut plus se soutenir aujourd'hui. Des arbres de cette famille (Pin noir d'Autriche) viennent très bien dans les sols les plus arides, dans les lieux les plus dénués de terre végétale, dans les fissures des rochers. sur les sommets décharnés des montagnes, et même dans les terrains les plus crayeux de la Champagne. D'autres (Epicea et Pin du Lord Weymouth) dans les endroits les plus marécageux. Si les résultats ne sont pas les mêmes dans ces mauvaises terres, leur reboisement est toujours productif et largement rémunérateur.

La plus grande difficulté réside dans l'étude et la connaissance de la nature du sol et du sous-sol, afin d'y implanter les espèces qui y conviennent. Cette connaissance est toujours le résultat d'une longue expérimentation, durant laquelle les échecs servent autant, et souvent plus, à notre instruction que les parfaites réussites.

Comme on l'a vu précédemment, tous les résineux poussent bien dans les terres dont la culture ne peut rien tirer ; dans les terrains composés de sables (crayeux ou aréneux) mélangés de terre végétale ; dans les sols rouges (calcaires ou silicieux), etc. Mais la disposition du terrain en côteau ou en plateau, son altitude, son exposition, sa nature, toutes ces causes exercent une influence sympathique à certaines espèces, antipathique à certaines autres.

En général, l'exposition au Nord est préférable à toute autre et convient à presque toutes les sortes de résineux. Lesplateaux bien garnis de terre, les expositions Est et Ouest viennent en seconde ligne. L'exposition Sud ne convient pas autant à toutes les espèces. Quand le terrain est bon, l'Epicéa, le Pin du Lord Weymouth, le Pin Laricio peuvent y croître passablement. Le Pin Sylvestre n'y réussit guère. Il faut que la nature du sol lui convienne parfaitement pour qu'il y ait une venue qui ne sera jamais que médiocre. Le Pin noir d'Autriche est le seul, surtout quand le terrain est mauvais, que l'on y voie réussir.

De même les terrains calcaires trop secs, les sables purs, l'argile blanche, les parties rocheuses presque nues des sommets et des versants, les sols maigres à sous-sol serré n'admettent guère que le Pin noir d'Autriche. Là, toute autre espèce reprend très diffici-

lement, et, après la reprise, on voit
nombre de plantes mourir chaque
année.

Cette perte des plants est souvent une
cause de découragement pour des
planteurs qui, ayant pris toutes les
précautions nécessaires, c'est-à-dire
ayant choisi des plants de la plus belle
qualité et fait exécuter avec soin les
travaux de plantation, n'obtiennent
qu'un insuccès. Ils ne savent à quoi
l'attribuer, et cela vient tout simple-
ment de ce que l'espèce dont ils
s'étaient servi ne convenait pas au sol.
Ceci montre combien l'expérience est
nécessaire et combien importante est
la connaissance préalable des plants
et du terrain.

Dans la même pièce de terre, la
nature du sol présente souvent des
variations fort grandes, qui ont pour
effet de réclamer des espèces différentes. Là, à côté du succès complet
d'une espèce, on rencontre parfois un

manque total de réussite pour la même espèce.

Il m'est arrivé de voir, dans un même champ, une partie des plants prospérer de la façon la plus satisfaisante et une autre partie des mêmes plants, en même temps plantés par les mêmes ouvriers, manquer jusqu'au dernier. Ayant essayé, pour remplacer, d'une autre espèce l'année suivante, j'ai encore échoué complétement. Ce n'est qu'à la troisième tentative que j'ai obtenu tout le succès désirable avec l'espèce que demandait le sol.

Pour donner le plus exactement qu'il est possible une idée de la manière de reconnaître les terrains favorables aux différentes espèces de résineux, nous allons supposer une propriété assez étendue et y tracer en quelque sorte un modèle de plantation.

Voici donc une terre divisée par sa disposition et par sa nature en quatre parties bien distinctes.

Première partie : Un terrain sablonneux ou rocailleux ; frais ; sous-sol assez profond ; exposition Nord ou Est. Nous y planterons le Mélèze auquel, pour un quart, nous associerons l'Epicea.

Deuxième partie : Versant d'un coteau, maigre, presque sans terre végétale ; sous-sol pierreux et serré ; roches presque nues. Là le Pin noir d'Autriche seul pourra réussir.

Troisième partie : Sol calcaire et sec à sous-sol pierreux ; un plateau moins dénué de terre végétale que la partie précédente. Nous y mettrons le Pin Sylvestre, et avec lui, dans une certaine mesure, des pins Laricios, des pins Noirs d'Autriche, quelques pins du Lord Weymouth.

Quatrième partie : Un bas fond, terrain humide et marécageux. Nous y planterons l'Epicea et le Pin du Lord Weymouth; le Pin Laricio, si

c'est un fond de vallon non marécageux.

Souvent il est avantageux d'associer
différentes espèces.

On trouvera de plus amples détails
sur les conditions propices à chacune
des espèces, quand nous en traiterons
en particulier.

Les bons terrains demandent à ce
qu'on laisse une plus grande distance
entre les plants. Ils sont destinés à
produire du bois de service. Or, si les
plants étaient trop serrés, ils se lan-
ceraient trop vite et ne prendraient
qu'une tige grêle. On aurait beau faire
des éclaircies aux époques détermi-
nées ; n'étant pas, par la grosseur,
proportionnées à leur hauteur, ces
minces tiges dépériraient après l'é-
claircie au lieu d'acquérir une vigueur
nouvelle. Leur fragilité ne résisterait
qu'à peine aux vents d'orage.

Tous les végétaux qui poussent à
à l'état de massif serré souffrent dans

leur développement. Lorsqu'on éclaircit la forêt, ils ne sont plus protégés par la masse qui avait agi sur les conditions dans lesquelles ils avaient accoutumé de croître ; alors, trop faibles pour vivre d'une vie qui leur soit propre, et arrachés subitement à la vie commune du massif, ils cessent de pousser. On est souvent forcé de les abattre pour replanter de nouveau.

Au contraire, tenus à une distance convenable les uns des autres, les arbres n'ont grandi que proportionnellement à leur grosseur. Ils n'ont pas un aussi grand besoin de l'appui de leurs voisins. Chaque fois qu'au moyen d'éclaircies, on dégage les plus beaux et les plus vigoureux, on les voit augmenter en force et offrir toutes les apparences d'une végétation magnifique.

Dans les mauvaises terres, l'état serré convient aux plants. Ceux-ci, en grande partie, sont destinés à

donner du bois de chauffage. On ne
tirera de ce qui restera que du bois
de service inférieur, tel que : pieux,
chevrons, perches à houblon, etc. Il
vaut mieux que ces arbres se sou-
tiennent mutuellement dans leur croissance et conservent, sous l'épaisseur
des massifs, la fraîcheur et l'humidité,
qui leur sont plus nécessaires dans
ces terrains secs. Leur rapprochement
les oblige à se lancer droit. S'ils étaient
trop éloignés pour pouvoir faire de
l'ombre presque partout, la terre,
perdant sa fraîcheur, ne produirait
que des sujets rabougris et tortus.

On a observé que les friches sont
préférables pour planter aux terres
cultivées et que les plants y réus-
sissent mieux. La raison en est qu'un
terrain resté inculte depuis longtemps
s'est augmenté par lui-même ; tandis
qu'un sol qui a toujours produit, s'est
épuisé par les récoltes qu'il a fournies,
surtout s'il n'a pas reçu les engrais

nécessaires, et les cultivateurs n'engraissent guère leurs champs médiocres ou mauvais.

Dans les sols en état de culture, le ver blanc (larve du hanneton) cause souvent des dévastations considérables à travers les jeunes plants. Cet insecte se rencontre principalement dans les sols rouges, surtout lorsque précédemment ils ont produit des pommes de terre, ou si ce sont des relevés de prairies artificielles. Il ronge les racines. En tirant à la main tout plant que l'on voit jaunir, on est certain d'en voir la racine attaquée par le ver blanc.

Pour ma part, j'eus souvent à déplorer ces ravages. Il y a deux ans, pour la première fois, j'ai employé un moyen qui m'a bien réussi. Dans un terrain où chaque coup de pioche mettait à découvert cinq ou six vers blancs, j'ai employé des plants du plus beau choix et des plus vigoureux, ayant de très-fortes racines. J'ai attendu pour les planter la fin d'avril. A cette époque la végétation reprend son activité. Quand le ver attaque les racines, la sève vient, pour ainsi dire, guérir la plaie et empêche que le plant ne meure. Si, au contraire, on plantait à l'automne. les dégâts qui seraient commis dès lors, ne pourraient être réparés par la végétation.

Il est à remarquer que dans les prairies artificielles la plantation réussit difficilement. En les cultivant auparavant, on trouvera une large compensation pour les sacrifices que l'on aura faits. En général, mettez-les en état de culture si la plantation est faite avec de bons plants et qu'elle réunisse toutes les bonnes conditions d'exécution du travail, on peut prédire qu'il n'en manquera pas un seul.

Enfin, j'ai fait des observations très intéressantes sur des terrains en friche coupés par de petits vallons. Ces vallons sont naturellement les parties les plus fertiles. Aussi la friche ou le gazon y est-il plus épais qu'ailleurs. Si l'on ne défriche pas le sol avant de planter, on risque fort d'éprouver un insuccès. Il faut, dans ce cas, creuser des trous carrés de 30 à 40 centimètres, avec une profondeur de 15 à 20 centimètres en laissant au fond de chaque trou une certaine épaisseur de terre meuble. On choisit les plus forts sujets. Si l'on ne prend ces précautions, on éprouve des pertes qui étonnent souvent, et l'on voit la meilleure partie du sol ne produire que des arbres maigres et sans vigueur.

Choix des Plants.

Il faut toujours planter avec de bons plants et préférer les plus forts d'âge. Les plants repiqués sont incontestablement les plus avantageux. Le repiquage des plants en pépinière a pour but de faire prendre du chevelu aux racines et, en même temps, du corps et de la vigueur à la tige. Les semis laissés sur place ne peuvent acquérir ni autant de force, ni autant de développement. La racine, n'étant pas dérangée, s'enfonce dans la terre et n'a souvent qu'un pivot auquel ne se rattachent que quelques petites radicelles.

Les sujets employés seront âgés de 2, 3, 4 ou 5 ans, suivant les espèces. Les plants de troisième ou quatrième

choix, c'est-à-dire les semis de 1 et 2
ans, bien qu'ils paraissent coûter
beaucoup moins, sont d'un prix de
revient plus élevé en définitive.

En effet, les frais de plantation sont
les mêmes pour tous les plants. Ceux
de premier choix sont appelés à une
réussite certaine, si l'on remplit bien
les conditions de la mise en terre. Ils
prennent bientôt une avance considérable sur tous les autres.

Avec les choix inférieurs, la réussite
est loin d'être aussi assurée. On est souvent forcé de remplacer, et quelquefois
à plusieurs reprises. De cette façon, les
derniers plantés sont toujours dominés
par ceux qui ont déjà une avance d'une
ou plusieurs années. La plantation of-
fre un aspect irrégulier, et reste toujours incomplète. Au moment d'exploi-
ter, on constatera un notable déficit.

Mais les beaux plants, outre leur
avance sensible rapidement acquise,
n'ont pas besoin d'être remplacés, et

tous les arbres, étant de même âge, se lancent ensemble. A l'époque de l'exploitation, ils auront conservé une régularité presque parfaite.

Les dépenses d'argent pour réparer les pertes égalent, si elles ne la dépassent, la différence des prix des divers choix de plants. Si l'on veut limiter ses sacrifices, il vaut mieux planter chaque année en moindre quantité et assurer la réussite.

Soins à donner aux plants.

Les jeunes plantes, avant d'être mises en terre, exigent des soins très-attentifs. Dès leur arrivée, quand elles sont expédiées depuis quelques jours, il faut les déballer avec précaution et les *mettre en jauge,* si on ne plante pas tout de suite. On appelle mettre en jauge, placer les plants dans des rayons de terre meuble, les poignées déliées. On les tient le moins serrés qu'il est possible dans ces rayons où on les étale, si l'on a assez de place, un à un. On les enterre jusqu'aux deux tiers de la tige, et l'on a soin, quand il gèle, de les recouvrir de paille. Avant de jeter la terre par dessus, on arrose un peu les racines. L'arrosage est très-utile aussi avant la plantation ; la terre fine s'attache aux racines mouillées, ce qui est d'un excellent effet.

Si les plants sont arrivés pendant la gelée et qu'il ne soit pas possible de les mettre en jauge, on les laisse dans les emballages jusqu'au dégel. A l'abri du froid dans les paniers, dans les caisses ou dans les harasses, où l'expéditeur les a placés ; bien couverts de paille, dont un lit sépare chaque couche de plants ; ou bien encore, enveloppés dans des paillons, quand il n'y en a qu'une petite quantité, ils peuvent rester longtemps ainsi sans éprouver d'avaries, pourvu qu'on les ait déposés dans un endroit où il ne gèle pas. Cependant un endroit chaud ne conviendrait pas non plus, parce qu'ils y entreraient en fermentation.

Si l'on est forcé de leur laisser courir ce risque, on doit les surveiller avec soin, mettre souvent la main dans les emballages, afin de s'assurer qu'ils ne s'échauffent pas. Tant que l'on ne sent pas de chaleur, il n'y a nul danger. Au moindre indice de fermentation, il faut déballer.

On les place alors dans un lieu tempéré, en ayant soin de mettre une couche de paille entre chaque lit de plantes.

Quand on plante par le hâle ou par un temps sec, il faut avoir soin de les couvrir de paille mouillée pour les transporter sur le terrain. Jusqu'au moment de s'en servir, on les tient couverts, pour qu'ils restent toujours frais.

Plantation.

Il n'est pas besoin de recommander d'apporter une grande attention au travail de la plantation. Chacun comprend que la réussite est liée à la bonne exécution de ce travail. Il faut, autant que possible, le confier à des ouvriers consciencieux et, surtout, expérimentés. On peut se régler sur les indications suivantes :

Généralement deux personnes sont employées à ce labeur : un piocheur suivi d'une femme, qui est chargée de mettre les plants dans les *potets*, ou trous, et de les y recouvrir de terre. Les trous sont carrés, de 20 centimètres environ dans leurs dimensions superficielles, sur 15 centimètres de profondeur. Cependant on les fait souvent plus longs que larges, et la largeur peut égaler la profondeur. On laisse au fond de chaque trou de la terre meuble sur laquelle reposeront les racines.

La personne chargée d'enterrer les plants les porte dans un panier. Elle place les plus beaux plants dans les plus grands creux, et le piocheur, comme la personne qui plante, doit, autant que possible, se conformer à cette règle, c'est-à-dire faire des trous proportionnés à la force des plants.

On place convenablement les racines sur la terre meuble du fond. La tige s'appuie contre une des parois du potet, mais non pas à l'endroit qui est marqué par les premiers coups de pioche, et où se trouve l'entaille. Cette entaille est souvent fort dure et la terre qui sert à recouvrir s'affaisse sans se lier avec celle du bord. Il se forme un nouveau trou, dans lequel le plant risquerait d'être mis à découvert par les pluies et par les alternatives de gelée et de dégel.

Le plant doit être enterré presque en entier, de façon que le bourgeon seul sorte de terre. On creuse donc les trous assez profondément pour cela; tout petit plant doit presque disparaître. La terre s'affaisse assez par la suite, et s'il n'était pas assez recouvert, l'action des pluies et des gelées lui serait funeste et le déracinerait. Il ne faut pas craindre de faire creuser à nouveau les trous trop peu profonds. La promptitude d'exécution du travail est reléguée au second plan. L'essentiel est qu'il soit bien fait. Pour les sujets d'une certaine force, principalement pour les plants de mélèze et d'épicéa, qui sont ordinairement plus grands, on les enterre proportionnellement à leur hauteur, mais au moins jusqu'aux premières branches.

On incline la tête du plant du côté du midi, afin que le soleil puisse moins facilement dessécher la terre sur les racines.

Pour enterrer, on se sert d'abord de de la terre meuble la meilleure, puis de la terre en mottes. Lorsqu'il y a du gazon, on le retourne sens dessus dessous ; on tasse le tout avec le pied. Si la terre manque, on emprunte au sol d'alentour le complément nécessaire.

Nous devons insister sur l'importance de la bonne exécution du travail jusque dans les moindres détails ; c'est l'avenir de la plantation qui serait compromis par la négligence ou l'inexpérience de l'ouvrier.

Ainsi, il ne faut jamais rejeter dans le trou la terre meuble, les mottes et les pierres pêle-mêle, avant que les racines soient bien recouvertes par la terre la plus fine. Les mottes dures et les pierres pourraient former des excavations où les racines, en contact avec l'air renfermé dedans, se dessècheraient et seraient en danger de mourir. Quand, pour cette raison, le plant manque, on ne sait à quoi l'attribuer ; le travail semble bien fait et l'on n'en pourrait voir la défectuosité qu'en déterrant.

Il arrive aussi, chose qu'il est également nécessaire d'éviter, que des ouvriers placent le plant dans le potet, les racines repliées. Cela a lieu quand les trous ne sont pas assez profonds. Ainsi l'extrémité des racines n'est presque pas enterrée. Elle se dessèche, et cette extrémité, qui doit produire les nouvelles racines, étant morte, la plante meurt vite à son tour.

Dans les propriétés en sillons de quatre pieds de large, on plante sur le dos des sillons. Cependant, si l'on redoute les ravages des sangliers qui, certains hivers, se trouvent en grande quantité dans nos forêts, on plante dans les rayons. Si l'on craignait que les ravages de ces animaux fussent assez sérieux pour détruire la plantation, en partie ou en totalité, on attendrait la fin de l'hiver. D'autres animaux, entre autres le lapin, endommagent aussi les jeunes plants. Le pin noir, dont la feuille est roide et piquante, semble moins que les autres redouter ces attaques.

Il y a une deuxième manière de planter, plus économique, mais aussi moins recommandable. Elle consiste à donner un ou deux coups du taillant de la pioche, en l'enfonçant en terre le plus qu'on peut. On soulève la terre, et l'on introduit avec précaution le plant dans le trou, sous la pioche. On l'enfonce autant que possible, puis on le retire un peu pour que les racines ne se trouvent pas repliées ; on appuie fortement le pied sur la partie soulevée, afin que la terre s'agrège de nouveau.

Je ne recommande guère ce procédé. Pour mon compte personnel, je n'ai jamais eu à m'en féliciter ; du reste, on ne peut l'employer ni dans les terrains pierreux, ni lorsqu'on plante de forts plants. Il ne réussit qu'avec de petits plants, dans les terrains

sablonneux. Je le répète, même dans
ce cas, il vaut mieux faire des potets.

L'époque la plus favorable à la
plantation est l'automne. On peut
commencer en octobre, dès que le
terrain est suffisamment trempé. Les
résineux, presque toujours en végétation active, reprennent racine pendant
l'hiver, et, à la sève printannière, ils
poussent presque comme s'ils n'a-
vaient pas été transplantés.

Si pourtant le sol est susceptible
de s'affaisser sous l'action du dégel
qui, alternant avec les périodes de
gelées, dégrade le terrain soulevé par
elles, il est préférable d'attendre le
printemps. Nous engageons fort tout
planteur à se mettre en garde contre
cet inconvénient. Bien des plantations
ont été perdues ainsi.

Comme on l'a déjà remarqué dans
un précédent chapitre, le mode de
plantation, au point de vue de la distance, se règle sur la qualité du sol.

Dans les terrains maigres, qui donneront principalement du bois de chauffage, on emploie un plant par mètre carré. Dans les qualités médiocres, on laisse une espace de 1 mètre 33 centimètres, ou 4 pieds. Dans les meilleurs sols, on plante à 1 mètre 66 ou 5 pieds.

Ce système d'espacement est toujours employé dans les reboisements d'une certaine importance. Il est clair que celui qui ne plante qu'une parcelle de terre, se règle plutôt sur le produit qu'il veut en tirer. Plus il voudra jouir promptement, plus il plantera serré.

Au bout de quinze à seize ans, on commence à couper les branches mortes ou presque mortes. Beaucoup, sous prétexte de donner plus de vigueur à la tige principale, enlèvent des branches encore vivaces. C'est une erreur qui est souvent préjudiciable. Ces branches vigoureuses jouent leur rôle dans l'alimentation de l'arbre.

Il n'en est pas des résineux comme des feuillus qui peuvent faire, après l'élagage, des pousses nouvelles. La branche, une fois coupée, n'a pas de rejetons, et l'on provoque dans la plante une déperdition de forces funeste à son développement.

Produit des plantations résineuses.

Nous avons déjà fait remarquer qu'un terrain planté acquiert chaque année une plus grande valeur. Après un certain laps de temps, cette valeur devient bien supérieure à la valeur première du fonds de la propriété. On voit des plantations de 25 ans qui, achetées avant leur reboisement 15 à 20 francs l'hectare, en valent plus de 1000 à cet âge.

Pendant la durée de son développement, la plantation donne des produits relativement importants. Nous avons déjà parlé du pâturage. Nous avons montré comment des terrains, trop arides pour produire de la verdure, deviennent des pâtures à l'herbe épaisse et grasse, l'ombrage répandu par les arbres, ayant pour effet de conserver l'humidité nécessaire à la verdure.

La location du droit de chasse, dans les propriétés d'une certaine étendue, est encore une sorte de revenu. L'ébourgeonnement, dans certaines espèces, en est une autre. On peut aussi ranger parmi les avantages, le dégrèvement de l'impôt foncier, accordé par l'Etat pendant une période de 20 ans.

Les résineux ont la propriété d'assainir l'air. Ils amendent le terrain en décomposant le sous-sol, et en augmentant considérablement la terre végétale, à l'aide des détritus des feuilles et des brindilles de bois, qui tombent chaque année de l'arbre, et, par degrés, se transforment en humus. L'exploitation faite, on peut mettre le terrain en culture, après avoir arraché les troncs. On cultive pendant 10 ans sans avoir besoin d'engrais, ou pendant 15 ans, avec une fumure ou deux ; puis on peut planter de nouveau. Il serait facile de disposer une propriété de façon que le tiers en fût constamment en culture, et les deux autres tiers en bois, excepté pourtant les terrains où la charrue ne peut entrer. Ainsi la sylviculture est susceptible de jouer un rôle comme auxiliaire de l'agriculture, et de lui rendre de bons services.

Le bois de sapin est employé à bien des usages. Au bout de 12 à 14 ans, l'élagage des branches inférieures donne du bois de chauffage. Les fagots de branches de sapin se vendent 6 à 8 francs le cent.

Les grosses branches donnent d'excellent paisseau, qui vaut le paisseau de bois de chêne.

J'ai connu un vigneron qui avait eu l'idée de planter un terrain, uniquement pour en tirer du paisseau. Les plants étaient à 50 centimètres de distance les uns des autres. La plantation pouvait revenir à 500 ou 600 francs l'hectare. Au bout de 10 années, il y avait bien 100,000 à 125,000 paisseaux. En les estimant au plus bas prix, 15 francs le mille, on trouve une valeur de 1,500 à 1,800 francs de produit, c'est-à-dire un bénéfice de 1,000 à 1,300 francs, au plus bas, en 10 années.

Dans les pays vignobles, on trouve beaucoup de friches. Les vignerons, avec quelques sacrifices, pourraient en tirer le paisseau qui leur est nécessaire, et éviteraient de fortes dépenses annuelles pour l'entretien de leurs vignes. Les branches et les recépées leur donneraient du bois de chauffage en abondance.

Vers 18 ou 20 ans, dans une plantation régulière, on fait la première éclaircie. On enlève le cinquième ou le quart des arbres, en choisissant naturellement les moins bien venants. Si le sol n'est pas des plus mauvais, on a déjà du bois de service : perches à houblon, étais pour les houillères, pieux, etc.

Les boulangers estiment fort le bois de chauffage, qui donne beaucoup de chaleur, une flamme claire et d'excellente braise.

A la deuxième éclaircie, on n'a plus, pour la majeure partie, que du bois de service : chevrons, poteaux télégraphiques ; des perches à houblon en quantité, des tentières, des pieux, etc. On peut enlever un plus grand nombre d'arbres. Chaque pied vaut de 50 centimes à 1 fr. 50. Il reste encore ce qui est reservé comme futaie, et qui, plus tard, donnera du bois de charpente, de la planche, etc. Les planches de sapin sont très employées pour les caisses d'emballage servant au transport des marchandises.

Il n'est pas rare de voir des arbres de 30 ans susceptibles de fournir de belles planches, et, à 40 ou 50 ans, de

trouver des pièces de 30 à 40 pieds de
bois de service, avec un pourtour de
2 à 3 mètres à la base. Ces résultats
ne doivent être espérés que dans les
bonnes terres. Partout ailleurs, le
mieux est de faire coupe blanche, après
deux éclaircies, quand les arbres ont
atteint 25 ou 30 ans. Alors le bois
n'augmente plus ou presque plus.

Lorsque l'on plante de nouveau, on
détruit les semis naturels, surtout si
la première espèce ne convenait pas
au sol. Dans tous les cas, il y a
avantage à les arracher pour les replanter, afin de les placer à des dis-
tances convenables. Venus spontané-
ment, ils ne se trouvent pas espacés
d'une façon régulière. Dans cette
deuxième plantation, on apporte les
changements que l'expérience a fait
reconnaître nécessaires.

Des différentes espèces de sapin.

Les espèces de sapin que nous employons le plus communément sont :

Le MÉLÈZE D'EUROPE (*Larix Europœa*) ;—le SAPIN EPICÉA (*Abies excelsa*) ; — le PIN SYLVESTRE ou PIN D'ÉCOSSE (*Pinus Sylvestris*) ; — le PIN NOIR D'AUTRICHE (*Pinus Austrica*) ; — le PIN LARICIO DE CORSE ou DE CALABRE (*Pinus Laricio*) ; — le PIN DU LORD WEYMOUTH (*Pinus Strobus*) ; — le SAPIN ARGENTÉ DE NORMANDIE (*Abies Nordmanniana*) ; — le PIN MARITIME (*Pinus Pinaster*).

Le Mélèze.

« Le bois de Mélèze est aux autres conifères ce que le bois de chêne est à celui des autres feuillus : il est le plus

précieux de tous.» — Ainsi s'exprime
M. de Kirwan dans son remarquable
Traité sur les conifères. M. Mathieu,
dans sa *Flore forestière*, loue aussi le
Mélèze : « Une grande richesse en résine, des accroissements minces et
réguliers lui assurent une durée très
prolongée, aussi bien sous l'air que
sous l'eau, une résistance et une sou-
plesse remarquables.» Il raconte qu'un
navire, submergé dans la mer du Nord
depuis plus de mille ans, avait encore
du bois de Mélèze parfaitement sain, et
tellement dur qu'il résistait aux outils
les plus tranchants.

Les feuilles du Mélèze tombent en
hiver. Au printemps, cette verdure
fine et légère se reproduit sous un
gracieux aspect. Une multitude de
feuilles d'un vert excessivement tendre
percent l'écorce par faisceaux. Des
fleurs, en forme d'épis d'un rouge
foncé splendide, s'étalent en même
temps sur cette robe de verdure nou-

velle, qui commence à recouvrir la tige svelte et le léger branchage.

La croissance du Mélèze est fort vive, et il parvient rapidement à une hauteur considérable dès les premières années.

La sève est très active et semble toujours en mouvement dans ce bois qui paraît toujours très vif, même dégarni de feuilles. On croit voir courir cette sève sous l'écorce, d'un vert sillonné de teintes blanchâtres en relief ou en creux sur l'écorce, qui donnent à l'arbre un aspect extrêmement vivace. Deux fois par an, cette sève vigoureuse fait jaillir une pousse nouvelle.

Ce conifère se rencontre principalement dans les montagnes du centre de l'Europe, dans les Alpes, les Karpathes. Il y préfère le versant nord. En Bourgogne on le plante beaucoup, depuis quelques temps, et il réussit parfaitement. Il aime les parties montueuses, les terrains élevés, exposés au Nord principalement, et aussi à l'Est. On peut le planter sur les plateaux.

Il faut au Mélèze un terrain frais, léger, à sous-sol profond ; il aime les sols aréneux, les crayeux, les terres rouges mélangées de sable ou de pierre, quand ces différentes sortes de terrain sont dans des conditions de fraîcheur suffisantes pour que les racines y prennent un facile développement.

Les plants de 2 ou 3 ans, et repiqués, offrent le plus de chances de réussite.

Cet arbre donnera les produits les plus prompts. On peut l'associer aux autres espèces et principalement à l'Epicéa, qui produit, au contraire, le plus tardivement. On plante ce dernier seulement par quart, moitié dans chaque deuxième rangée. Quand on abat les Mélèzes, il demeure comme futaie. Le branchage léger du Mélèze le protège et favorise sa croissance.

Le Mélèze atteint de belles dimensions : 30 à 35 mètres de hauteur et 4 à 5 mètres de pourtour.

Ici nous présentons une courte observation.

Il va sans dire que, quand nous donnerons les dimensions et l'âge auxquels peuvent parvenir les différentes espèces de résineux, nous aurons en vue les arbres venus dans les bons terrains, où ils réunissent toutes les conditions nécessaires de croissance et de durée. Il a été dit ailleurs que, dans certains sols, la plantation avait donné tous ses résultats après 25 à 30 ans, époque où les arbres sont loin des dimensions dont nous parlons dans ce chapitre et les suivants.

L'incomparable activité de développement du Mélèze fournit des pousses de 4 à 5 pieds par an.

Je possède dans des terrains impropres à la culture, achetés 15 francs l'hectare, des arbres ayant 10 ans de plantation, dont la neuvième pousse s'élève à 32 pieds de hauteur. Quand ils auront 17 à 18 ans, on trouvera parmi eux de très-belles perches à houblon, et, à 20 ans, des poteaux télégraphiques et d'autre bois de service du même genre.

Le Mélèze pousse fort droit.

Dans les terrains qui ne réunissent pas les conditions qui lui plaisent, et principalement la légèreté et la fraîcheur, il ne vient que misérablement et meurt la plupart du temps.

L'Epicéa.

Cette espèce est sans doute la plus anciennement connue dans nos régions, ou, du moins, c'est celle dont la connaissance est la plus généralement répandue.

On rencontre l'Epicéa dans les parcs, dans les jardins, dans les cimetières,

où il se trouve comme arbre d'ornement. Là il montre jusqu'à quel degré
de croissance et de longévité il peut
parvenir. Sa pyramide de sombre et
mélancolique verdure qui monte vers
le ciel est le seul ornement végétal que
l'hiver laisse à nos jardins. Magnifique
ornement, d'un imposant aspect, plai-
sant dans sa sévérité, au milieu d'une
atmosphère sombre qui fait ressortir
cette verdure demeurée seule dans la
grise étendue, comme pour montrer ce
que fut dans un autre temps la nature
déchue de sa splendeur.

Au point de vue pratique, dans les
nombreuses plantations que l'on fait
aujourd'hui pour en tirer profit, l'Epicéa joue un rôle considérable.

Il ne se plante généralement qu'âgé
de 3, 4, 5 et même 6 ans, et rarement
seul, excepté dans les lieux qui ne
conviennent qu'à lui. Ce sont les endroits humides, marécageux, les val-
lées profondes, dont les autres espèces

ne peuvent s'accommoder, excepté le Pin du Lord Weymouth.

Dans les sols plus secs des côteaux, il a besoin d'être associé avec des espèces qui croissent plus vite que lui et qui le défendent, quand il est jeune, contre les ardeurs du soleil. Le plus souvent on le met en compagnie du Mélèze. On l'y associe par quart.

On peut voir souvent des Epicéas de 8 à 10 ans qui, plantés seuls, n'ont fait chaque année que des pousses insignifiantes. D'autres, du même âge, ont grandi parmi les Mélèzes, de 20 centimètres dès la seconde année. Ils ont alors 12 à 15 pieds, et, au bout de 25 à 30 ans, ils se trouvent avoir dépassé tout le reste. C'est alors que l'Epicéa est dans toute sa puissance de développement. Il fait souvent des pousses de 1 mètre à 1 mètre 30 par an.

Tous les terrains désignés pour le Mélèze lui conviennent, dans ces conditions d'association. Il se plaît à toutes les expositions, mais il préfère aussi le nord. Il ne se plaît nullement dans les sols secs, pierreux, à sous-sol serré, bien qu'il n'exige pas un sous-sol profond, car il n'est pas pivotant.

Partout où il vient bien, j'aimerais à le voir associé avec les arbres forestiers. On le plante au milieu d'eux, à 8 ou 10 pieds de distance, afin de le réserver comme futaie, et ainsi il ne nuit pas aux jeunes taillis. Du reste, ses branches ne prennent guère d'extension, et c'est toujours à la base. Elles répandent moins d'ombre et laissent plus d'air et d'espace aux pousses des taillis que les chênes et les autres futaies de forestiers.

Le bois de l'Epicea vient immédiatement après le mélèze parmi les plus estimés des bois résineux. On l'emploie fréquemment dans les constructions. On en tire aussi de très belles planches. Enfin il est excellent pour le chauffage.

Cet arbre acquiert les plus belles dimensions. On en voit souvent qui s'élèvent à 40 ou 50 mètres avec une circonférence de 3 à 4 mètres à 1 mètre du sol. Comme le Mélèze, il a la propriété de pousser droit et aussi celle de croître isolément presque aussi bien qu'en massif. Agé de 100 et même de 150 ans, il fait encore de belles pousses.

Quand il est d'une certaine force, on en extrait de la résine, au moyen d'incisions dans le pied.

Comme nous l'avons déjà fait remarquer, l'Epicéa ne doit pas donner ses produits aussi promptement que le Mélèze, le pin Sylvestre et les autres ; mais il entre toujours dans une plantation comme arbre de réserve. Placés à 2 et 3 mètres les uns des autres, ces arbres suffiront à garnir le terrain après l'exploitation et, du reste, ils ac-

querront encore une grande valeur.
Au bout de 40 ans, on fait de nouvelles
éclaircies, et l'on abat les moins bien
venants, car, à cette distance, ils
deviendraient encore trop rapprochés
à mesure qu'ils se développeraient.

Ainsi une plantation peut voir plusieurs générations, sans qu'il soit
besoin de la renouveler; c'est un
précieux avantage que l'on tire de la
culture de l'Epicéa. Partout où il
pourra réussir, on fera bien de l'intro-
duire dans la proportion d'un quart.

On le plante beaucoup maintenant
de cette façon. Je ne doute pas que
dans la suite on ne le plante encore
davantage.

Le Pin Sylvestre ou Pin d'Ecosse.

Cette espèce se plante très communément dans nos pays. Dans tous les
endroits qu'aime le Mélèze, les terrains

frais, sablonneux, à sous-sol peu serré et assez profond, le Pin Sylvestre se plaît aussi. Il n'exige pas autant de fraîcheur que le Mélèze ; c'est pourquoi ou peut, en outre, le mettre dans des terrains secs de plateaux où le Mélèze ne viendrait pas.

Le Pin Sylvestre préfère l'exposition Nord, Nord-Est ou Nord-Ouest. Il vient bien aussi sur les plateaux couverts d'une bonne couche de terre.

Les meilleurs plants sont ceux âgés de 2 ou 3 ans et repiqués. Le plant de 3 ans, plus fort, est d'une reprise plus probable. On remplace avec des plants de 4 ans, afin que la plantation soit toujours régulière.

Les plants sont d'une reprise facile et poussent assez vivement de prime abord. Comme on les resserre beaucoup en plantant, on doit commencer à les éclaircir après 15 à 18 ans. Le bois sert au chauffage et à l'industrie. Dans les sols de bonne qualité, le Pin Sylvestre peut croître pendant 50 à 70 ans; mais il donne du bois de service dès l'âge de 25 ans. On voit fréquemment des pins Sylvestres de 30 à 40 mètres de haut, avec un diamètre de 1 mètre à hauteur d'homme.

Cette espèce ne vient pas dans les terrains à sous-sol par trop serré, ou composé de sable blanc sans terre végétale. Ce sable blanc est funeste à tous les arbres, et il n'en est pas qui ne se plaisent encore mieux dans les sous-sols pierreux, quelque serrés qu'ils soient.

Le Pin Sylvestre se plante très rapproché, afin de limiter l'extension du branchage inférieur, qui tend toujours à prendre un développement excessif. Abandonné à lui-même et croissant isolément, il ne formerait qu'un énorme buisson vert, dont la tige ne monterait guère et dont toutes les branches du pied accapareraient, pour ainsi dire, les facultés de crois-

sance. Le principal remède à cet inconvénient est l'ébourgeonnement, dont
nous parlerons tout à l'heure.

En second lieu, l'état serré des
plants les oblige à se lancer droit. Dans
le Pin Sylvestre, on voit souvent les
bourgeons, aussi bien ceux des cîmes
que ceux des basses branches, rongés
intérieurement, dès que la pousse se
lance, par une sorte de ver. Les flèches attaquées meurent souvent et
tombent. D'autres fois elles demeurent
recourbées en forme de demi cercle et
grossissent dans cet état, ce qui enlève
beaucoup de valeur à l'arbre et le rend
souvent impropre à faire du bois de
service.

L'ébourgeonnement a pour but de
créer une tige nouvelle et droite, quand
la flèche principale a été détruite.
Il arrive que plusieurs branches du
sommet présentent l'année suivante
les bourgeons d'où sortiront d'autres

flèches. Mais , si on les conservait toutes, il se formerait plusieurs tiges et l'arbre deviendrait fourchu. En ébourgeonnant, on ne laisse pousser que la plus belle flèche, qui continue le plus régulièrement la tige. De cette façon on fait presque reprendre à l'arbre sa régularité naturelle.

De même , l'ébourgeonnement de toutes les branches, du sommet à la base, leur interdit une extension exagérée et refoule la sève vers la tige. Ce procédé est bien préférable à l'élagage. Il ne cause aucun dommage à l'arbre. Les branches reproduisent chaque année de nouveaux bourgeons.

On commence d'ébourgeonner vers la huitième année. On continue tous les ans, jusqu'à ce qu'il ne soit plus possible d'atteindre le sommet des branches avec des échelles fort légères, fabriquées pour cet usage, et qui ont jusqu'à 15 ou 18 pieds de hauteur.

L'ébourgeonnement est d'un certain revenu pour les propriétaires, et procure du travail à des ouvriers qui, l'hiver, en manquent souvent.

Il y a une variété de Pin Sylvestre que l'on nomme Pin de Riga. Elle forme de magnifiques forêts dans le nord de la Russie, dont elle est originaire. Il serait à désirer que, introduite chez nous depuis plusieurs années, elle s'y acclimate, en conservant les qualités qu'elle possède dans sa patrie. Les Russes emploient ce bois dans la marine, et les arbres font communément des mâts de vaisseaux. Cette espèce est , en France , d'une culture trop récente pour que l'on puisse apprécier dans quelles conditions de beauté elle s'y reproduira. Quand même elle dégénérerait, je suppose qu'elle resterait encore la plus belle variété du Pin Sylvestre.

Le Pin noir d'Autriche.

Le Pin noir d'Autriche est, par sa faculté de croître dans la plus complète aridité, l'un des plus précieux que nous ayons. C'est par lui que l'on reboise les parties du sol qui ne souffrent aucune autre végétation. On l'a employé avec un succès inespéré dans les craies de la Champagne-Pouilleuse.

On ne le connaît en France que depuis peu d'années, et il n'y est pas encore assez répandu. Son aspect est extrêmement robuste, et il est le Pin qui possède au plus haut degré cette qualité. Plein de sève, il fait des pousses d'une force et d'une grosseur surprenantes. Son énorme branchage porte des feuilles grasses, longues et très-serrées, d'un vert foncé à reflet presque noir, hérissées et pointues. L'écorce est d'un gris tirant sur le brun.

Il monte bien droit et n'est pas exposé dans ses jeunes pousses aux attaques du ver, fléau du Pin Sylvestre, qui ronge et détruit les cîmes.

Le Pin noir demande à être planté très-serré, parce que les branches du pied prennent un énorme développement. Il se lance mieux ainsi; son branchage couvre rapidement le sol et fournit une grande quantité de détritus qui deviennent de l'engrais.

Tous les terrains lui conviennent, hormis les terrains humides. Il en est de même de toutes les expositions. Il semble même, au contraire de tous ses congénères, affectionner spécialement l'exposition sud.

Je l'ai fait servir à repeupler mes plantations dans les endroits excessivement arides où les autres plants n'avaient pu vivre. J'ai été surpris de lui voir présenter une aussi belle végétation, là où je ne supposais pas

que la végétation pût se produire.
Quoique cet arbre soit un peu pivotant,
ses racines vont très loin chércher
leur nourriture, en s'introduisant, partout où il y en a, dans les fissures des
rochers.

La qualité du bois est à peine infé-
rieure à celle du Mélèze de deuxième
qualité. Les arbres de 40 à 50 ans
donnent beaucoup de résine, que l'on
recueille au moyen d'incisions faites
au pied de l'arbre. Comme les bourgeons du Pin Sylvestre, on recueille
ceux du Pin Noir, quand il est jeune.
Le Pin Noir contient plus de résine
que tous les arbres de cette famille.
En Autriche, son pays d'origine, on en
fait l'objet d'une importante industrie.
Cet arbre peut atteindre jusqu'à 25 et
30 mètres de hauteur, avec une circonférence de 3 à 4 mètres.

Il est bien prouvé aujourd'hui que,
seul, il prospère dans l'extrême stéri-

lité. Il n'y obtient pas des dimensions magnifiques ; mais il produit d'excellent bois de chauffage.

Les meilleurs plants, sont ceux de 2, 3 ou 4 ans et repiqués. Pour remplacer les manquants, on prend des plants de 5 ans.

Le Pin Laricio.

Nous avons deux sortes de Laricios : le Pin Laricio de Corse et le Laricio de Calabre. Ils sont très peu différents l'un de l'autre.

Le Pin Laricio pousse très droit et s'accommode de tous les sols. Dans les terres à sous-sol profond mélangé de beaucoup de terre végétale, il montre les plus belles dimensions dont il soit susceptible : 40 à 45 mètres d'élévation avec une grosseur régulière et bien proportionnée. Dans les terres de moindre valeur, calcaires, rocailleuses où rouges, il croît encore assez bien.

On peut l'associer au Pin Sylvestre et au Pin Noir.

Il se distingue de ce dernier par des feuilles frisées chez les jeunes plants et par un branchage plus léger. Il se plante dans les mêmes conditions d'âge que le Pin Noir et pousse bien plus droit que le Pin Sylvestre. Son bourgeon est moins gros et plus pointu. Le Pin Noir, qui lui ressemble par l'écorce, a le branchage bien plus massif, les feuilles plus rudes, plus serrées et plus fournies.

Dans de bonnes conditions de développement, le Laricio croît jusqu'à 80 ou 90 ans. Son bois est excellent.

Cet arbre a un bel avenir; nous le recommandons aux Sylviculteurs.

Le Pin du Lord Weymouth.

Nous leur recommanderons aussi le Pin du Lord Weymouth, ou plus brièvement, le Pin du Lord ou Pin

Weymouth. C'est un arbre d'une parfaite élégance, bien droit et parvenant à une très-belle taille.

En Amérique, son pays d'origine, il mesure jusqu'à 60 mètres de haut. Sa tige, droite, est effilée; son écorce. très lisse chez les jeunes sujets, est d'un gris verdâtre. Ses feuilles, longues de 6 à 8 centimètres, et fines, sont fort douces au toucher.

Pouvant, comme l'Epicéa, servir à l'ornementation des parcs, le Pin du Lord lui ressemble encore par la faculté de croître dans les terrains marécageux et généralement dans tous les sols où se plaît l'Epicéa.

Autre point de ressemblance : le Pin du Lord Weymouth est, comme l'Epicéa, très-faible à 2 ans. On ne le plante guère qu'âgé de 3, 4 et 5 ans. On ne peut avoir que de l'avantage à se servir de plants déjà forts. Ils reprennent plus facilement et ont une croissance plus rapide.

Le bois de cette espèce de résineux paraît plus fragile que celui des autres. On s'en sert cependant pour la marine.

Le plus souvent on la plante en compagnie d'autres sortes avec lesquelles on l'associe pour un quart, un cinquième ou un sixième.

Le Sapin argenté de Normandie.

Nous ne dirons que quelques mots des deux espèces dont il nous reste à nous occuper : elles sont encore à l'état d'essai dans nos contrées de l'intérieur de la France.

Le sapin argenté de Normandie paraît devoir réussir assez bien, du moins c'est ce que je puis supposer, en présence des sujets de cette espèce que j'ai plantés, il y a quelques années.

Il redoute fort les gelées du printemps.

Comme il est pivotant, il aime que

le sol, ou tout au moins le sous-sol,
soit peu serré, pour avoir la facilité
d'y enfoncer ses racines. On emploie
de préférence les plants de 3 à 5 ans.

Le Pin Maritime.

Quant au Pin Maritime, il ne réussit
que très difficilement. Dans ses jeunes
années, il redoute les gelées. J'en ai
quelques-uns qui ne semblent pas
devoir donner de bons résultats. Pour
planter, on peut se servir de plants de
2 ans et repiqués.

Observations supplémentaires.

Nous terminerons ce travail par quelques remarques sur des objets qui ont pu nous échapper, ou sur lesquels nous ne nous sommes peut-être pas expliqué suffisamment.

I

Les plants élevés sur couches et venus à force d'engrais sont d'une reprise plus difficile que les plants cultivés en pleine terre et sans engrais. La raison en est simple. Quand on extrait des plants de la pépinière, où ils ont été élevés à force d'engrais, pour les faire entrer dans un sol plus ou moins fertile, ne trouvant plus dans ce sol où on les plante la même nourriture que

dans celui de la pépinière, ils dépéris-
sent et meurent.

II

Les pépiniéristes qui cultivent sur
couche ont intérêt à faire produire le
plus possible sur un petit espace.
Ainsi ils ne peuvent fournir de bons
semis que lorsqu'ils ont mal réussi et
qu'une partie des graines a manqué.

III

Le repiquage, comme nous l'avons
déjà fait observer, a pour but de procurer du chevelu aux racines et du
corps à la tige. Les semis de 2, 3 et
4 ans sont bien plus difficiles à planter,
avec leur longue et unique racine en
pivot. S'ils sont venus en massif serré,
la tige est mince et sans consistance.
Dans les semis de 3 ans, cette tige, de

même que la racine, a une longueur double de celle des plants repiqués du même âge. Où il n'y a pas une grande profondeur de terre végétale, il est impossible de les planter.

IV

En général, il est difficile d'obtenir de belles plantations au moyen de semis faits sur place. Dans les Vosges et dans la Sologne, j'en ai vu de belles faites de cette manière; mais jamais dans nos contrées, Bourgogne et Champagne. Pour moi, j'ai échoué souvent, bien que j'aie essayé de tous les moyens recommandés par nos forestiers les plus expérimentés. Il faut aux semis des terres très-légères et gardant bien l'humidité.

V

Ce n'est qu'avec une grande expérience que l'on parvient à reconnaître

le sol qui convient réellement aux
semis. Il n'a pas besoin d'être excellent. Il suffit que la terre soit unie,
menue et bien cultivée préalablement.
L'été, on tâche à préserver ces semis
de la chaleur trop grande ; l'hiver, on
les couvre de paille, pour les défendre
contre les gelées. Quant on réussit, on
obtient des plants à des prix de revient
très-rémunérateurs. On opère sur un
nouveau terrain quand le premier s'é-
puise.

TABLEAU APPROXIMATIF DES PRIX.

Nous croyons utile de donner, par à peu près, le prix d'achat des plants, semis et repiqués. Nous mettons donc sous les yeux du lecteur un extrait de notre catalogue pour l'année 1873-1874. Il va sans dire que ces chiffres ne sont donnés que pour faire apprécier le prix approximatif, et qu'ils sont soumis à toutes les variations causées par les circonstances qui amènent la hausse ou la baisse.

âge.	hauteur.		Prix du cent.	mille.
			fr. c.	fr. c.
		MÉLÈZE D'EUROPE (*Lariz Europœa*).		
1		Pour repiquer les cent mille 350 fr.		3 85
	5 à 8	3ᵉ choix	0 50	4 25
	8 à 12	4° choix, beaux plants.	0 65	5 50
2	25 à 30	1ᵉʳ choix, très beaux .	1 »	8 »
3	26 à 35	2° choix, et repiqué .	1 20	10 »
3	30 à 40	Et au-dessus, 1ᵉʳ choix	1 60	15 »

âge.	hauteur.		Prix du cent. mille.	
			fr. c.	fr. c.
		PIN DU LORD WEYMOUTH		
		(*Pinus strobus*).		
1		Pour repiquer les dix mille, 35 fr.		4 »
3		2ᵉ choix. beau, repiqué .	0 75	6 50
3		1ᵉʳ choix et repiqué, très-beau		8 50
		PIN LARICIO		
		(*Pinus laricio*).		
		Pour repiquer les dix mille, 30 fr.		3 50
1				5 »
2 à 3	6 à 8	Semis	0 65	10 »
3	8 à 10	2ᵉ choix, beau . . .	1 20	15 50
4	10	Et au-dessus. . . .	1 80	
		PIN NOIR D'AUTRICHE		
		(*Pinus austrica*)		
		Pour repiquer les cent mille, 350 fr.		4 »
1	4 à 8	Beau jeune plant . . .	0 60	5 »
	4 à 8	Environ . . , . . .	0 80	6 40
	6 à 10	2ᵉ choix et repiqué, beau.	1 »	8 »
3	7 à 10	1ᵉʳ choix et repiqué. . .	1 20	9 40
3	7 à 12	Repiqué, fort plant. . .	1 70	15 »
4	10 à 20			
		PIN MARITIME		
		(*Pinus pinaster*).		
2	40 à 60	Fort	5 »	40 »
		PIN SYLVESTRE		
		(*Pinus sylvestris*).		
1		Pour repiquer les cent mille, 225 fr.		2 70
3 à 6		Jeunes plants à planter après les gelées. . . .	0 40	3 »
6 à 8		Id. id. très-beaux.	0 50	3 50
7 à 12		— et au-dessus, jeunes plants, très-beaux. . . .	0 60	4 50

âge.	hauteur.		Prix du cent.		mille.	
			fr.	c.	fr.	c.
2 à 3	10 à 15	Environ, repiq., bons plants à planter avant l'hiver . .	0	70	5	40
3	14 à 15	2ᵉ choix, très-beaux, re-piqué.	0	85	6	80
3	16 à 26	1ᵉʳ choix fort, première qualité, repiqué.	1	»	8	85
4	20 à 35	Très-fort, repiqué (plants à remplacer les plantations mal réussies).	1	40	12	»
2	10 à 15	PIN DE RIGA DE RUSSIE (*Variété de Sylvestre.*) Repiqué	1	25	10	»
		SAPIN EPICEA (*Abies excelsa*)				
2		Semis très-beaux. . . .	0	55	4	»
3		2ᵉ choix, repiqué. . .	0	70	6	»
3	12 à 16	1ᵉʳ choix et repiqué. .	0	80	7	»
4	15 à 24	Très-beaux et repiqué. .	0	90	8	85
5	20 à 30	Plants 1ʳᵉ qualité, repiqué.	1	25	10	»
5	25 à 36	Id. id. repiqué.	1	40	12	»
5 à 6	28 à 40	Et au-dessus, choix extra.	2	25	20	»

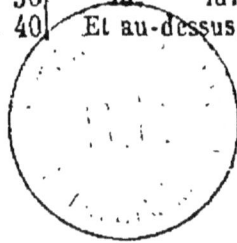

Chalon-s-S. typ. I., LANDA.

CHALON-S-S, IMPR. L. LANDA